BEI GRIN MACHT SICH IHR WISSEN BEZAHLT

Jens Konermann

Offshore Windenergie. Schlüsseltechnologie für die Energiewende?

GRIN Verlag

Bibliografische Information der Deutschen Nationalbibliothek:

Die Deutsche Bibliothek verzeichnet diese Publikation in der Deutschen National-
bibliografie; detaillierte bibliografische Daten sind im Internet über http://dnb.d-
nb.de/ abrufbar.

Impressum:

Copyright © 2012 GRIN Verlag GmbH
Druck und Bindung: Books on Demand GmbH, Norderstedt Germany
ISBN: 978-3-656-59211-2

Dieses Buch bei GRIN:

http://www.grin.com/de/e-book/268248/offshore-windenergie-schluesseltechnologie-
fuer-die-energiewende

GRIN - Your knowledge has value

Der GRIN Verlag publiziert seit 1998 wissenschaftliche Arbeiten von Studenten, Hochschullehrern und anderen Akademikern als eBook und gedrucktes Buch. Die Verlagswebsite www.grin.com ist die ideale Plattform zur Veröffentlichung von Hausarbeiten, Abschlussarbeiten, wissenschaftlichen Aufsätzen, Dissertationen und Fachbüchern.

Besuchen Sie uns im Internet:

http://www.grin.com/

http://www.facebook.com/grincom

http://www.twitter.com/grin_com

Universität Osnabrück

Institut für Geographie

Mittelseminar: Erneuerbare Energien aus lokaler Perspektive

SoSe 2012

Hausarbeit

Offshore Windenergie

-

Schlüsseltechnologie für die Energiewende?

Abgabetermin: 12.07.2012

Vorgelegt von:
Jens Konermann

Geographie (BA), 4. Fachsemester

Inhaltsverzeichnis

Abbildungsverzeichnis

Literaturverzeichnis

Abbildungsverzeichnis

1 Einleitung

Nicht erst seit dem Reaktorunglück in Fukushima, wird das Thema der zukünftigen Energieversorgung in aller Welt kontrovers diskutiert. Während Industriestaaten wie Frankreich weiterhin an der Atomkraft als Energieträger festhalten, geht Deutschland einen anderen Weg. Mit dem beschlossenen Atomausstieg wurde ein klares Zeichen hin zu den erneuerbaren Energien gesetzt. Doch wie kann in Zukunft die Versorgung Deutschland mit ausreichend Strom sicher gestellt werden, ohne dabei fossile Rohstoffe zu nutzen?

Die Bundesregierung setzt hier auf die regenerativen Energien, wie Wind-, Wasser- und Sonnenkraft, um den Strombedarf auch langfristig decken zu können. Besonders die Windkraft könnte hier eine entscheidende Rolle spielen. Schon heute trägt sie den größten Teil der erneuerbaren Energien zur Stromgewinnung bei. Mit dem Neubau von Anlagen vor der Festlandküste(Offshore), könnte die Windenergie zum wichtigsten Stromproduzenten in Deutschland werden.

Mit dieser Hausarbeit möchte ich der Frage nachgehen, in wieweit die Offshore-Windenergie eine Schlüsseltechnologie für die anstehende Energiewende sein kann. Des Weiteren soll diese Ausarbeitung es dem Leser ermöglichen, die bisherige Entwicklung im Offshore-Bereich nach zu vollziehen und mögliche Probleme der Technologie vor Augen führen.

Um den Einstieg in die Thematik zu erleichtern, werden im ersten Teil der Arbeit die Begriffe *Onshore-* und *Offshore-Windkraft* definiert und abgegrenzt, bevor dann im folgenden Teil auf die Entwicklung der Windenergie in Deutschland eingegangen wird. Hier möchte ich anfangs einen Überblick über die bisherige Entwicklung der gesamten Windenergiebranche vermitteln, um dann im Anschluss gezielt auf die Bedeutung der Offshore-Windenergie einzugehen. Darauf aufbauend werde ich die Planungen der Bundesregierung für die Offshore-Windenergie schildern und die dabei entstehenden Probleme zur Sprache bringen. Ebenso soll aber auch am Beispiel des Erprobungsfelds Alpha Ventus die gelungene Umsetzung eines Offshore-Windparks aufgezeigt werden.

Schließlich möchte ich einen Ausblick auf die zukünftige Entwicklung wagen und in einem letzten Schritt die Hauptpunkte der Ausarbeitung resümierend, ein Fazit ziehen.

2 Begriffsklärung

Zunächst möchte ich die beiden Begriffe *Onshore* und *Offshore* voneinander abgrenzen, um die Bedeutung der unterschiedlichen Standorte für den Windenergiesektor aufzuzeigen, bevor ich mein Augenmerk im weiteren Verlauf der Arbeit auf die Offshore-Windkraft lege.

2.1 Onshore-Windkraft

Unter dem englischen Begriff „Onshore" versteht man im Bereich der Windenergie die Nutzung von Windenergieanlagen an Land. Diese bestehen meist aus drei Rotorblättern, die über ein Getriebe einen Generator antreiben, der dann aus mechanischer elektrische Energie erzeugt. Die größeren Windenergieanlagen weisen Rotoren mit einem Durchmesser von über 100 Metern auf und befinden sich auf Türmen mit einer Höhe von 90 Metern und mehr (Kleinemass 2007, 12).

2.2 Offshore-Windkraft

Auch der Begriff „Offshore" stammt aus dem Englischen und bezeichnet „...vor der Festlandsküste auf dem das Festland umgebenden Schelf und in größeren Binnengewässern" (Leser 2005, 636) gelegene Windenergieanlagen.

Ein Vorteil dieses Standortes ist die höhere durchschnittliche Windgeschwindigkeit, die dazu beiträgt, dass gegenüber vergleichbaren Standorten an Land 20 - 40 % mehr Energie erzeugt werden kann. Des Weiteren findet im Wasser kein Verdrängungswettbewerb statt, wie er an Land oftmals vorzufinden ist. Dort verhindern Windkraftanlagen die landwirtschaftliche Nutzung von Flächen, zerstören das Landschaftsbild und führen zu Konflikten mit Anwohnern aufgrund der Schattenwürfe der Anlage und der Lärmemissionen (Pontenagel 1995, 2).

Dem gegenüber stehen höhere Kosten für die Fundamente im Meeresgrund, die Netzanbindung an das Festland und die Abhängigkeit vom Wetter bei Montage, Wartung und Instandsetzung bei den Offshore-Anlagen (Bruns et al. 2008, 5).

3   Bisherige Entwicklung

Um der Frage nachzugehen, in wieweit die Offshore-Windenergie eine Schlüsseltechnologie für die Energiewende ist, möchte ich im ersten Abschnitt die Entwicklung der Windenergie in Deutschland betrachten. Im zweiten Abschnitt rückt dann speziell die Entwicklung des Offshore-Bereiches in den Mittelpunkt des Interesses.

3.1   Windenergie in Deutschland

Die Nutzung der Windenergie kann im Vergleich zu anderen erneuerbaren Energien, wie z.b. der Solartechnologie, auf eine lange Tradition zurückblicken. So wurden bereits in den vierziger und fünfziger Jahren des 19. Jahrhunderts erste Versuchsanlagen gebaut, die sich aufgrund der extrem günstigen Energie aus fossilen Energieträgern nicht durchsetzen konnten. Interessant wurde die Stromerzeugung aus Windkraft erst wieder ab Mitte der siebziger Jahre, als der Ölpreisschock diese Technologie wettbewerbsfähig machte (Bruns et al. 2008, 31). Aufgrund technischer Entwicklungen und Kosteneinsparungen bei der Produktion wurden Windkraftanlagen immer günstiger und interessanter vor dem Hintergrund der in der Konferenz von Rio de Janeiro 1992 beschlossenen Agenda 21 (Brkic 2007, 128).

Wie Abbildung eins verdeutlicht, steigt die kumulierte Nennleistung von 1992 ca. 100 Megawatt (MW) bis zum Ende des Jahrtausends auf über 5.000 MW an. Ab dem Jahr 2000 dynamisierte sich die Entwicklung.

Abb. 1: Entwicklung der Windenergieanlagen und deren Nennleistung in Deutschland von 1992-2011

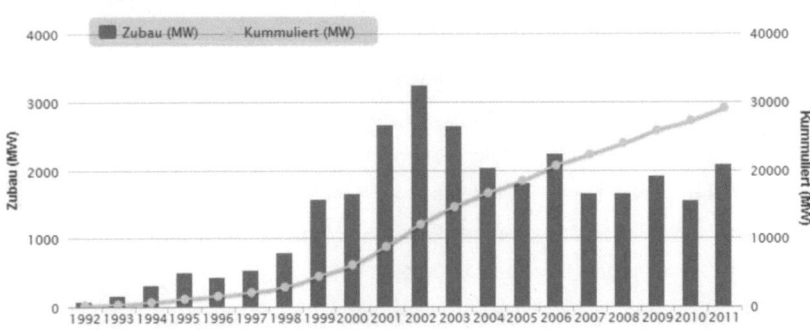

Quelle: Bundesverband Windenergie (BWE) 2012

Mit jährlichen Zubauten von bis zu über 3000 MW, vervierfachte sich die installierte Leistung binnen sechs Jahren. Seit 2006 ist der Anstieg konstant mit jährlichen Zubauten von 2.000 MW, so dass am Ende des Jahres 2011 eine Leistung von 29.060 MW zu verzeichnen ist (Bundesverband WindEnergie 2011, 2).

Durch diese rasante Entwicklung konnte die Windenergie in den vergangenen Jahren zur wichtigsten erneuerbaren Energiequelle aufsteigen. Im Jahr 2011 konnte sie mit einer Jahres-stromproduktion von 37,3 Mrd. kWh ca. 8 % des deutschen Stromverbrauchs decken (Bundesverband WindEnergie 2011). Abbildung zwei stellt dies auch graphisch sehr gut dar:

Abb. 2: Stromerzeugung in Deutschland 2011

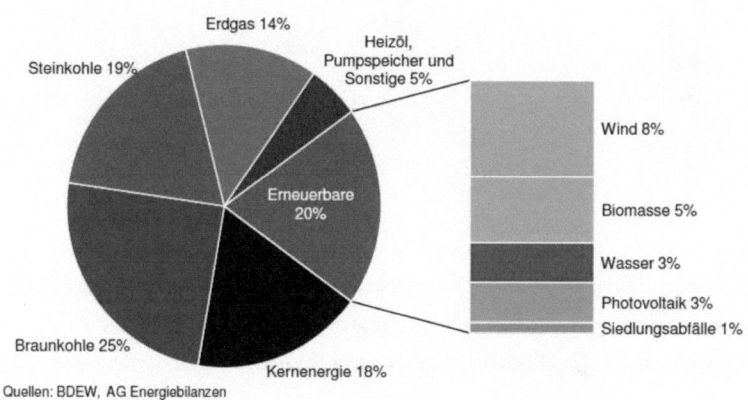

Quelle: Emobility-web 2012

Im Jahr 2011 wurden 20 % des Strombedarfs durch erneuerbare Energien gedeckt. 40 % dieser Energie stammte aus der Windkraft, die noch vor der Biomasse (25%) zum wichtigsten Energielieferanten zählt. Wasserkraft und Photovoltaik spielen im Jahr 2011 eher eine untergeordnete Rolle und tragen jeweils nur 15 % zu den erneuerbaren Energien bei.

3.2   Entwicklung Offshore-Windenergie

Teilt man nun die Windenergie weiter auf in die Bereiche Onshore und Offshore, so zeigt sich dass die Entwicklung keinesfalls gleich verlief. Während die Windenergieanlagen an Land bereits seit Beginn der 90er Jahre des 20. Jahrhunderts Strom erzeugen, steckt die Offshore-Windenergie noch in den Kinderschuhen. Ab dem Jahr 2007 wurden in Nearshore- oder Testanlagen in Festlandnähe wie z.B. in Hooksiel oder Rostock/Breitling Windkrafträder auf „Herz und Nieren" geprüft, bevor sie dann in Großprojekten realisiert wurden. Das erste dieser Großprojekte ist das Testfeld Alpha Ventus, das im Jahr 2010 an das Stromnetz angeschlossen wurde (WAB 2011, 3).

Abb. 3: Anteil der Offshore-Leistung an der installierten Leistung aus Windkraft 2011

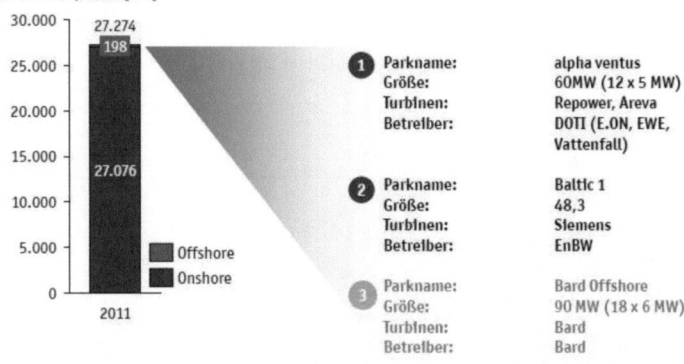

Quelle: WAB 2011, S. 3

Auf diesen ersten Offshore-Windpark in der Nordsee folgten ein Jahr später die Windparks Baltic 1 in der Ostsee und Bard Offshore in der Nordsee. Insgesamt gab es Ende des Jahres 2011 somit drei große Offshore-Windfelder mit einer installierten Leistung von 198 MW(vgl Abb. 3). Dies entspricht einem Anteil von weniger als einem Prozent an der gesamten installierten Leistung aller Windenergieanlagen in Deutschland.

4   Von der Planung zur Umsetzung

Im folgenden Kapitel soll aufgezeigt werden, welche Pläne die Bundesregierung Deutschland mit dem Bau und der Förderung von Offshore-Windenergie verfolgt und wie sich die Realisierung darstellt. Im zweiten Unterpunkt wird dann ausführlich auf die Probleme eingegangen, die es bei der Umsetzung noch gibt, bevor im letzten Teil das Testfeld Alpha Ventus, als Beispiel für eine erfolgreiche Umsetzung, vorgestellt wird.

4.1 Planungen der Bundesregierung und die Realität

Die Bundesregierung hat sich mit dem „Eckpunktepapier zur Energiewende" aus dem vergangenen Jahr ein klares Programm auf die Fahne geschrieben, um dem Klimaschutz und einer nachhaltigen Entwicklung in Deutschland Rechnung zu tragen. Es wird zum Einen - nach dem beschlossenen Atomausstieg aus dem Jahr 2011 – angestrebt, den Anteil der erneuerbaren Energien bis 2020 auf 35 Prozent auszubauen, um die Energieversorgung Deutschlands zu sichern. Zum Anderen werden auch Ziele bezüglich der Treibhausgasemissionen genannt: kurzfristig (bis 2020) soll eine Reduzierung um 40 % und langfristig (bis 2050) die Senkung um 80 – 95 % gegenüber dem Wert von 1990 erreicht werden (BMU 2011).

Dies bedeutet konkret für die Offshore-Windenergie, dass bis 2020 die Leistung auf 10 000 MW ausgebaut werden soll. Hierzu werden ca. 2.000 neue Windenergieanlagen benötigt, so dass 87 TWh pro Jahr (vgl. Abb. 4) eingespeist werden könnten und somit 6 % des deutschen Strombedarfs gedeckt werden kann (Müßgens 2012).

Abb. 4: Szenario der Regenerativen Stromerzeugung

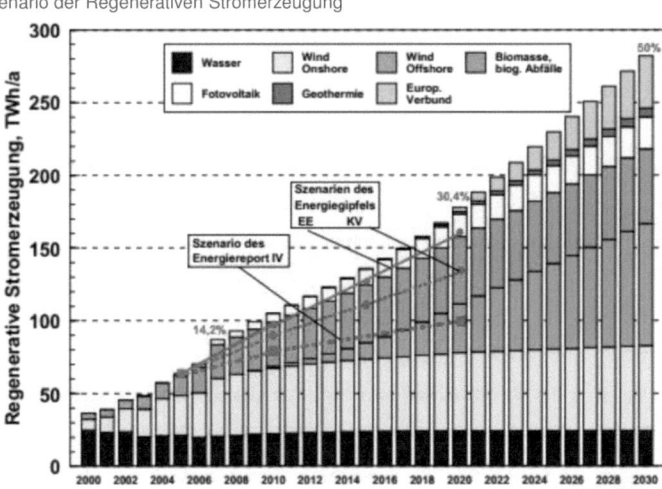

Quelle: BMU 2008, S. 9

Bis 2050 soll der Beitrag der Windenergie (Offshore und Onshore kombiniert) mit 209 TWh/a auf 36% der gesamten Bruttostromerzeugung ansteigen (BMU 2008).

Wie jedoch bei der Entwicklung von Offshore-Windenergie (Abschnitt 3.2) aufgezeigt wurde, hinkt die Entwicklung den Zielen der Bundesregierung deutlich hinterher. Von den für 2020 geplanten 10.000 MW installierter Nennleistung, waren im Jahr 2011 erst 198 MW an das Stromnetz angeschlossen. Dies bedeutet, dass gerade einmal zwei Prozent des angestrebten Wertes errichtet worden sind.

Neben den bereits errichteten Windfeldern, gibt es auch Genehmigte und diejenigen, die noch genehmigt werden müssen. Momentan sind Anlagen mit einer Gesamtleistung von 8.460 MW genehmigt, davon 21 Offshore-Windparks in der Nordsee und vier in der Ostsee. Noch viel größer fällt der Anteil der geplanten, aber noch im Genehmigungsverfahren befindlichen Windparks aus. Aktuell sind hier Anlagen mit einer Gesamtleistung von 23.390 MW geplant, was einer Nennleistung von 20 Atomkraftwerken entspricht (dena 2011). Warum aber konnten bislang so wenige Projekte in die Tat umgesetzt werden?

4.2 Probleme der Umsetzung

Die Gründe für die Verfehlung der angestrebten Ziele sind sehr vielschichtig und lassen sich chronologisch darstellen.

Es beginnt bereits bei der Genehmigung, die sich über Jahre bis sogar Jahrzehnte hinauszögern kann, so dass bereits in der frühen Planungsphase der Projekte potentielle Investoren abgeschreckt werden und eine Umsetzung nicht mehr möglich ist (VDI 2011, 11).

Auch wenn das Genehmigungsverfahren einmal abgeschlossen ist, ist die Realisierung eines Windparks im Meer noch nicht gesichert. Grund dafür sind die enormen Investitionsvolumen in Milliardenhöhe, die sich mit den Mehrkosten durch die Verlegung von Seekabeln, dem Aufstellen der Gründungen und dem komplizierteren Aufbau der Anlage - als es auf dem Land der Fall ist - begründen. Die Finanzierungsproblematik hat sich in den vergangen Jahren aufgrund der Wirtschaftskrise und den Liquidationsengpässen der Banken noch verstärkt. Banken waren oftmals nicht in der Lage, die benötigten Summen bereit zu stellen, um Projekte zu realisieren oder aber das damit verbundene Risiko wurde deutlich höher bewertet als mögliche Renditechancen. Hinzu kam andererseits die Förderung der Solarbranche durch die Bundesregierung, die aufgrund der deutlich höheren Einspeisevergütung und des geringen Kapitalbedarfs eher in das Schema der Banken passte (Müller 2010).

Ein weiteres bzw. wohl das größte Problem ist die Netzanbindung der Offshore-Windparks. Dies betrifft sowohl die Anbindung an das Festland, als auch die Weiterleitung des Stroms ins Hinterland. Zuständig für die Anbindung im Nordseeraum, wo die Mehrzahl der Offshore-Windparks geplant und betrieben werden, ist die Firma TenneT TSO GmbH, eine 100 prozentige Tochtergesellschaft des niederländischen Stromnetzbetreibers TenneT Holding B.V.. Schon 2010 hatte TenneT die Bundesregierung gewarnt, dass aufgrund „...fehlender personeller, materieller und finanzieller Ressourcen" (Schäfers 2011, 12), die Netzanbindung der

Offshore-Windparks in der bisherigen Geschwindigkeit nicht mehr möglich sei (Schäfers 2011, 12).

Verstärkt wird die ohnehin schon schwierige Situation durch Proteste von Umweltaktivisten und –organisationen, die durch das Verlegen der Hochspannungsleitungen im Nationalpark Wattenmeer irreparable Schäden im empfindlichen Naturhaushalt befürchten. Aber auch die Abhängigkeit vom Wetter beim Aufstellen, Instandsetzen und Warten der Anlagen spielt eine nicht zu unterschätzende Rolle (Oberdörffer, J. und Scheele, U. 2009, 8).

Das Ergebnis aller Verzögerung ist am Besten im Containerhafen von Bremerhaven zu erkennen. Dort haben die Hersteller von Windkrafträdern Flächen angemietet, um ihre überdimensionalen Komponenten zwischen zu lagern und warten darauf, dass die fertigen Komponenten endlich verbaut werden können (Stadt Bremerhaven 2010).

4.3 Erfolgreiche Umsetzung – Beispiel Alpha Ventus

Trotz aller Probleme und Schwierigkeiten, die es bei Offshore-Windparks gibt, lassen sich auch Erfolgsgeschichten vermelden. So zum Beispiel der erste deutsche Windpark: das Testfeld Alpha Ventus (vgl. Abb. 5).

Ca. 45 km nördlich der Insel Borkum befindet sich das am 27. April 2010 offiziell in Betrieb genommene Testfeld mit seinen zwölf Windenergieanlagen. Jede der Windkraftanlagen hat eine Nennleistung von fünf Megawatt, so dass sich eine Gesamtleistung von 60 MW ergibt. Im Endausbau soll der Windpark später einmal aus 208 Anlagen bestehen und eine

Abb. 5 Blick auf das Testfeld Alpha Ventus

Quelle: Alpha Ventus 2012

Gesamtleistung von 1.040 MW aufweisen. Dies entspricht der Nennleistung eines mittleren Atomkraftwerks, so hat zum Beispiel das AKW Emsland in Lingen eine Nennleistung von 1.329 MW (RWE power 2011, 26). Betrieben wird Alpha Ventus von der Deutschen Offshore

Testfeld- und Infrastruktur GmbH & Co. KG, an der die Energieversorger EWE, e.on und Vattenfall beteiligt sind (Köneman 2010, 32).

Nach zweijähriger Testphase hat sich auch die produzierte Strommenge im abgelaufenen Jahr 2011 sehr erfreulich entwickelt. Mit 267 Gigawattstunden konnten insgesamt 15 % mehr Strom ins Netz eingespeist werden, als zuvor prognostiziert wurde (Alpha Ventus 2012). Diese Strommenge reicht aus, um ein Jahr lang über 51.000 4-Personen-Haushalte mit Energie zu versorgen. Im Endausbaustadium des Windfelds könnten dann bei einer Nennleistung von 1.040 MW die 17-fach Menge an Strom erzeugt werden und rein rechnerisch über 500.000 Haushalte mit Strom versorgt werden (Köneman 2010, 119).

Das Beispiel Alpha Ventus zeigt, welche enormen Potentiale in der Windkraft zu Wasser stecken. Nach Erprobung der 5-Megawatt Anlagen im Testfeld, laufen diese mittlerweile so störungsfrei, dass sie in Serie produziert werden und in anderen Offshore-Windparks, wie etwa *Bard Offshore 1* installiert werden. Mit der Serienreife der 5-Megawatt Anlage, wurde der Grundstein für den weiteren Ausbau der Offshore-Windenergie gelegt. Zuvor waren in anderen Nordsee-Anrainerstaaten lediglich Anlagen mit einer Nennleistung mit bis zu zwei Megawatt installiert worden. Mit der Erhöhung der Nennleistung geht auch eine Senkung der Kosten pro installierten MW einher, was das Betreiben von Offshore-Windparks deutlich lukrativer macht (VDI 2011, 12).

5   Ein Blick in die Zukunft

Nachdem ich in den vorangegangenen Kapiteln die bisherige Entwicklung und die heutige Lage der Offshore-Windenergie dargestellt habe, möchte ich nun einen Blick in die Zukunft wagen.

Bereits heute spielt die Windenenergie eine zentrale Rolle in der deutschen Energieversorgung. Sie macht, wie in Abbildung zwei zu erkennen ist, acht Prozent an der Gesamtstromerzeugung aus und ist das Rückgrat der erneuerbaren Energien. Nach dem Willen der Bundesregierung soll die Bedeutung der Offshore-Windenergie noch weiter zunehmen. Trotz der Probleme bei Genehmigung, Finanzierung und Netzanschluss hält sie weiterhin an ihrem 10.000 MW Ziel installierter Leistung für das Jahr 2020 fest (BMU 2011). Hoffen lassen die im Eckpunktpapier zur Energiewende beschlossene Vereinfachung des Genehmigungsverfahrens, das Bereitstellen von fünf Milliarden Euro der Kreditanstalt für Wiederaufbau(KfW) und das Netzausbaubeschleunigungsgesetz. Somit werden die Rahmenbedingungen optimiert, um dem 10.000 MW Ziel näher zu kommen. Kritischer hingegen sehen es unabhängige Verbände und Forschungsinstitute. So zum Beispiel die Bremerhavener Windenergie Agentur, die bis zum Jahr 2017 mit einer installierten Leistung im Offshore-Bereich von 4.500 MW und darüber hinaus für das Jahr 2020 mit insgesamt 7.500 MW Nennleistung rechnet (WAB 2011, 10).

In einem worst-Case Szenario könnten nach Meinung des Marktforschungsinstituts *wind:research* die Leistung bis 2020 nur auf 4.000 MW gesteigert werden, was dem Ziel der Bundesregierung deutlich entgegenstehen würde. In der Abbildung sechs wird diese Diskrepanz zwischen der Planung der Bundesregierung und anderen Schätzung anhand dreier Graphen dargestellt. Diese zeigen zum Einen die Entwicklung nach Wunsch der Bundesregierung und zum Anderen ein Worst-case Szenario, desweiteren wird auch eine Gerade, die aus den Mittelwerten anderer Prognose errechnet wurde, abgebildet(vgl. Abb.6).

Abb. 6: Ausbau der Offshore-Windenergie bis 2020

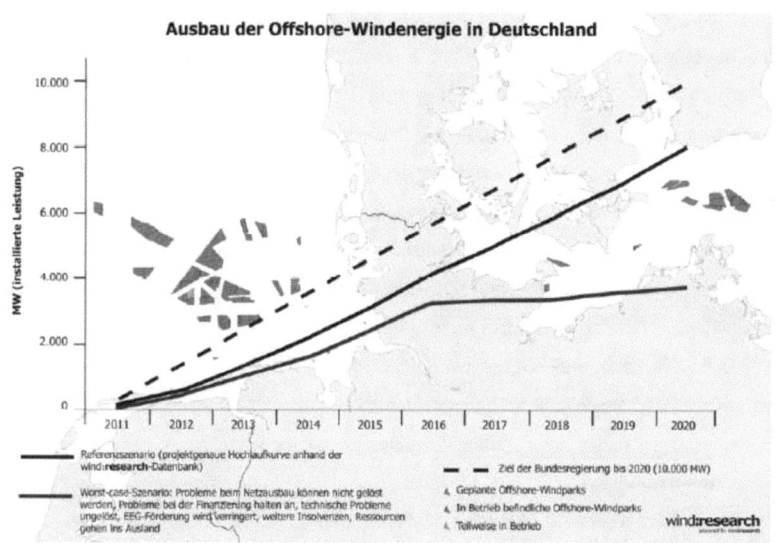

Quelle: Windkraft Journal 2012

Betrachtet man hingegen die Entwicklung bis in das Jahr 2030, so scheint die Erreichung des angestrebten 25-GW-Ziels für den Offshore-Bereich durchaus realistischer. Die Bundesregierung schätzt die nötigen Investitionen zum Erreichen des Ziels auf etwa 75 Mrd. Euro (vgl. BMU 2008, 28).

6   Fazit

Nachdem ich nun ausführlich den Werdegang der Technologie beschrieben habe und auf die aktuelle Situation eingegangen bin, um dann einen Ausblick zu wagen, möchte ich nun die anfängliche Fragestellung noch einmal aufgreifen und die wichtigsten Punkte dieser Ausarbeitung resümieren.

Bereits heute ist die Windenergie wichtigster Bestandteil der erneuerbaren Energien und nimmt mit 8 % Anteil an der Stromerzeugung eine wichtige Rolle ein. Allerdings ist von dieser Menge nur ein Bruchteil (1 %) auf die Offshore-Windenergie zurück zuführen. Um die Frage zu beantworten, in wie weit die Offshore-Windenergie eine Schlüsseltechnologie für die Energiewende sein kann, muss man sich zunächst das enorme Potential, das in der Nord- und Ostsee vorhanden ist, vor Augen führen. Zur Nutzbarmachung dieses Potentials müssen die (gesetzlichen) Rahmenbedingungen stimmen. Leider war dies in den vergangenen Jahren nicht der Fall, so dass sich Projekte verzögerten oder gänzlich verworfen wurden. Gründe waren vor allem das lange Genehmigungsverfahren, Engpässe bei der Finanzierung und Probleme bei der Netzanbindung. Deutlich wurden diese Problematiken an der geringen Anzahl realisierter Projekte und der damit verbunden Abweichung von den Zielen des „Ausbaus der Erneuerbaren Energien". Mit dem Eckpunktepapier der Bundesregierung zur Energiewende vom 06.06.2011 wurden Neuerungen zur Verbesserung der Rahmenbedingungen beschlossen. Diese sind wichtige Grundlage für die Beschleunigung des Ausbaus der Offshore-Windenergie. Zwar ist es fraglich, ob das Ziel für das Jahr 2020 mit 10.000 MW installierter Nennleistung im Offshore-Bereich erreicht werden kann, realistischer sehen Experten das Ziel für 2030 mit 25.000 MW zu erreichen. Dies würde bedeuten, dass 2030 etwa 15-20 % des Energiebedarfs mit der Offshore-Windkraft gedeckt werden könnten (WAB 2011, 24).

Wenn es also gelingt, den Ausbau der Offshore-Windenergie weiter voran zu treiben, um in die Nähe der angestrebten Ziele zu gelangen, dann hat diese Technologie eine große Zukunft. Zusammen mit der Onshore-Technologie nimmt sie dann im Konzept der erneuerbaren Energien eine wichtige Rolle ein. Allerdings sollte nicht vergessen werden, dass die Speicherung des produzierten Stroms bislang noch nicht im großen Maßstab möglich ist, um so Differenzen zwischen Spitzenproduktion und Zeiten der Windstille auszugleichen, so dass ein kontinuierlicher Stromfluss möglich wäre (von Tiesenhausen 2011).

Als Fazit lässt sich somit sagen, dass die Offshore-Technologie durchaus eine Schlüsselrolle zur Umsetzung der Energiewende inne hat, jedoch wird dies nur im Zusammenspiel mit anderen erneuerbaren Energien möglich sein, wobei der Windenergie wachsende Bedeutung zukommt.

Literatur

Alpha Ventus (2012): alpha ventus Jahresrückblick 2011. http://www.alpha-ventus.de/index. php?id=22#c727 (26.05.2012)

Brkic, Z. (2007): Nachhaltige kommunale Energieversorgung: Eine Chance zur Wiederbelebung der Lokalen Agenda 21-Prozesse in deutschen Kommunen. In: Kratz, Sabine (Hg.): Energie der Zukunft. Bausteine einer nachhaltigen Energieversorgung. Marburg: Metropolis, 270 S., 125-146.

Bruns, E., Köppel, J., Ohlhorst, D. und Schön, S. (2008): Windenergieboom in Deutschland: eine Erfolgsstory. In: Bechberger, M. et al. (Hg.): Windenergie im Ländervergleich. Frankfurt/Main: Peter Lang.

BMU (Bundesministerium für Umwelt, Naturschutz und Reaktorsicherheit) (2008): „Leitstudie 2008". Weiterentwicklung der „Ausbaustrategie Erneuerbare Energien" vor dem Hintergrund der aktuellen Klimaschutzziele Deutschlands und Europas. http://www.bmu.de/files/pdfs/allgemein/application/pdf/leitstudie2008.pdf (14.05.2012)

BMU (2011): Der Weg zur Energie der Zukunft - sicher, bezahlbar und umweltfreundlich. http://www.bmu.de/energiewende/beschluesse_und_massnahmen/doc/47465.php (03.05.2012)

Bundesverband WindEnergie (2011): Jahresbilanz Windenergie 2011. http://www.wind-energie.de/sites/default/files/download/publication/jahresbilanz-facts-go/final_ bwe_facts-to-go_02-2012.pdf (14.05.2012)

Bundesverband WindEnergie (2012): Installierte Windenergieleistung in Deutschland. http://www.wind-energie.de/infocenter/statistiken/deutschland/installierte-windenergie leistung-deutschland (05.06.2012)

dena Deutsche Energie-Agentur (2011): Windparks in Nord- und Ostsee. http://www.offshore-wind.de/page/index.php?id=4761 (12.05.2012)

Emobility-web (2012): Brutto-Stromerzeugung in Deutschland 2011. http://www.emobility-web.de/Assets/Uploaded-CMS-Files/Stromanteile%20Mix%20Deutschland%2012 _2011-1bc 30594-e834-4b71-af4c-871cd96722da.JPG (05.06.2012)

Kleinemass, M. (2007): Chancen und Risiken für deutsche Unternehmen auf dem spanischen Markt für erneuerbare Energien. München: Grin Verlag.

Köneman, D. u. Jensen, D. (2010): Alpha Ventus Unternehmen Offshore. Alpha Ventus operation Offshore. Köln: Bva Bielefelder Verlag.

Leser, H. (Hrsg.) (2005): DIERCKE Wörterbuch Allgemeine Geographie. Braunschweig: Westermann Verlag. 13. Auflage.

Mose, I., Oberdörffer, J. und Scheele, U. (2010): Küsten unter Strom. Die deutsche Nordseeküste als Energiestandort. In: Praxis Geographie, 03-2010, 10-15.

Müller, D. (2010): Deutsche Offshore-Parks keine Selbstläufer. In: Finanz und Wirtschaft, 44, 28.

Müßgens, Ch. (2012): Wo die Riesenräder rosten. In: Frankfurter Allgemeine Zeitung, 05.04.2012, 7.

Oberdörffer, J. und Scheele, U. (2009) Die Küstenregion zwischen wirtschaftlicher Dynamik und Naturbewahrung: eine Bestandsaufnahme. In: Arbeitsgruppe für regionale Struktur- und Umweltforschung GmbH(Hg.): Positionen. Oldenburg: ARSU(=Die Küste boomt. Ökonomische Perspektiven und ökologische Herausforderungen, 12), 125 S., 6-23.

Pontenagel, I. (1995)(Hg.): Das Potential erneuerbarer Energien in der Europäischen Union. Ansätze zur Mobilisierung erneuerbarer Energien bis zum Jahr 2020. Berlin, Heidelberg: Springer.

RWE power (2011)(Hg.): Kraftwerke Lingen. http://www.rwe.com/web/cms/mediablob/de/236116/data/235582/7/rwe-power-ag/mediencenter/kernenergie/Standortportrait.pdf (26.05.2012)

Schäfers, M.(2011): Schwieriger Anschluss unter dem Meer. In Frankfurter Allgemeine Zeitung, 268, 12.

Stadt Bremerhaven (2010): Windkraft: RWE Innogy nutzt Container-Terminal. http://www.bremerhaven.de/meer-erleben/unternehmens-park/windkraft/windkraft-rwe-innogy-nutzt-container-terminal.28382.html# (25.05.2012)

VDI (Verein Deutscher Ingenieure e.V.) (2011): Statusreport 2010. Regenerative Energien in Deutschland. Düsseldorf: VDI-Gesellschaft Energie und Umwelt.

von Tiesenhausen, F. (2011): Stromnetz bremst Windkraft aus. In: Financial Times Deutschland, 31.10.2011, A1.

WAB (Windenergieagentur Bremerhaven) (2011): Branchenbericht 2011: Offshore-Windenergiemarkt in Deutschland. http://www.wab.net/images/stories/PDF/broschueren/WAB-Branchenbericht 2011.pdf (14.05.2012)

Windkraft Journal (2012): Ausbau der Offshore-Windenergie in Deutschland. http://www.windkraft-journal.de/wp-content/uploads/2012/05/Offshore-Ausbau.jpg (05.06.2012)